HAIR PERMING WORK BOOK

헤어 퍼머넌트 웨이브 워크북

박은준 · 김우빈 · 민인숙 · 임윤경 · 임지현

메디시인

머리말

근래에 우리나라는 모든 기술직종에서 국가직무능력표준(NCS, National Competency Standards)을 제정하여 산업현장에서 성공적이고도 효율적인 직무수행 능력을 갖도록 필요한 지식과 기술, 그리고 소양 등을 체계화하여 기술 및 학습 교육의 표준화를 이루었습니다.

이 책은 현장 실무에 비중을 두고 퍼머넌트 실습의 결과물을 포트폴리오 형태로 정리, 보관하여 효과적으로 활용할 수 있도록 워크북 형태로 만들어졌습니다. 베이직 퍼머넌트와 응용 퍼머넌트의 과정을 거치면서 전문적인 기술을 습득하고, 다양한 테크닉을 구사할 수 있도록 하였으며, 시술 시 정확한 약액의 선정과 기기의 사용, 시술 시 주의사항에 대해 기록하여 정리하기 쉽게 집필되었습니다. 또한 고객의 체형과 얼굴형, 모발의 길이와 모질, 모류에 대한 정확한 판단을 할 수 있는 능력을 기르고 그에 맞는 시술을 할 수 있게 하기 위함입니다.

헤어 퍼머넌트 웨이브의 다양한 테크닉을 실습하고, 그 내용을 기록, 촬영하여 필요할 때 쉽게 찾아볼 수 있도록 하여, 실무현장에서 자신감을 길러주고 인정받을 수 있도록 하는 것이 이 책의 목표입니다.

퍼머넌트 워크북을 통한 학습은 자율적인 학습활동에 그치는 것이 아니고 학습효과를 판정하기 위한 하나의 자료로 사용되기를 바랍니다.

끝으로 출간에 적극적으로 참여해 주신 선생님들과 편집디자인과 출판을 위해 애써주신 메디시언 임직원들에게도 심심한 감사의 말씀을 드립니다.

기해년 만추에

박 은 준

차례

Contents

차례

Contents

차례

HAIR PERMING WORK BOOK

헤어 퍼머넌트 워크북

Chapter. 1

헤어 퍼머넌트의 이해

1. 퍼머넌트 웨이브의 목적

2. 퍼머넌트 웨이브의 역사

1. BC.3000년 고대 이집트

2. 그리스, 로마 ~ 19세기

3. 1905년 찰스 네슬러

4. 1936년 스피크먼

5. 1941 맥도너

6. 1950년대

3. 퍼머넌트 웨이브의 종류

1. Heat Perm

(1) Machine Wave

(2) Preheat Wave

(3) Machineless Wave

2. Cold Perm

(1) 1욕식

(2) 2욕식

(3) 3욕식

4. 환원제, 산화제 정의

1. 환원제

2. 산화제

5. 퍼머넌트 웨이브 1액의 주요 성분

1. 환원제

(1) 티오글리콜산(Thioglycolic acid)

(2) 시스테인(Cysteine)

2. 알칼리제

(1) 암모니아(Ammonia)

(2) 모노에탄올아민(Monoethanolamine)

6. 1액을 도포한 후 캡을 씌우는 이유

7. 퍼머넌트 웨이브 2액의 주요 성분

1. 브롬산염

(1) 브롬산 나트륨(Sodium Bromide)

(2) 브롬산칼륨(Potassium Bromide)

2. 과산화수소

8. 퍼머넌트의 열처리

1. 제1액의 반응은 흡열반응

2. 제2액의 반응은 발열반응

9. 테스트 컬

1. 제1액의 반응이 충분한지 알아보는 작업(연화 정도를 관찰)

2. 제1액을 도포하고 10분 전 · 후에 테스트 컬을 실시하여 충분히 연화가 되지 않은 경우

10. 중간 린스의 필요성

11. 연화보는 방법

12. 시술 시 주의사항

13. 두상의 기본 Point

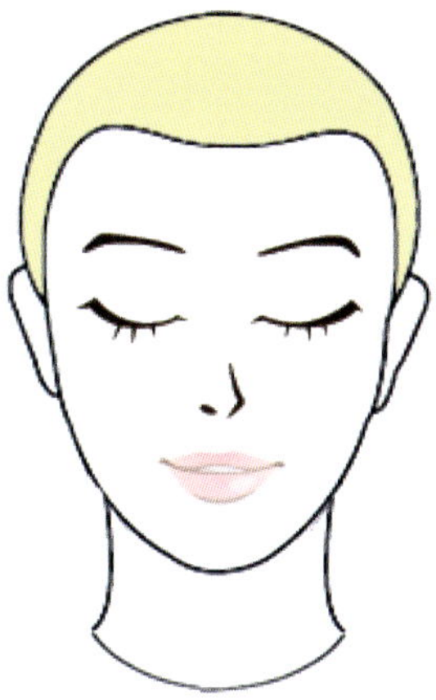

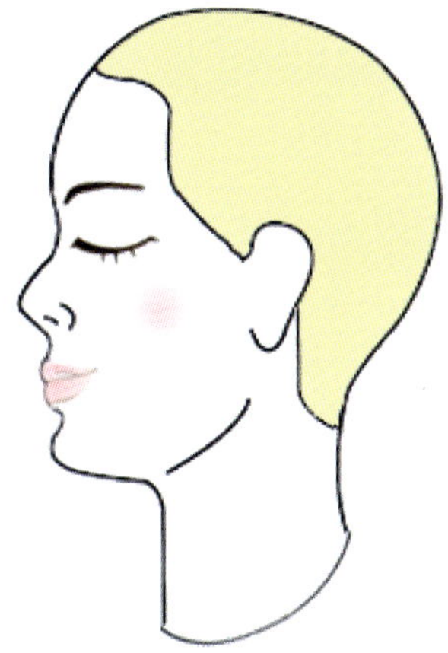

번 호	약 어	용 어

14. 커트에 활용되는 도구 및 제품사용법과 관리

도 구	명 칭	사용 목적 및 사용방법
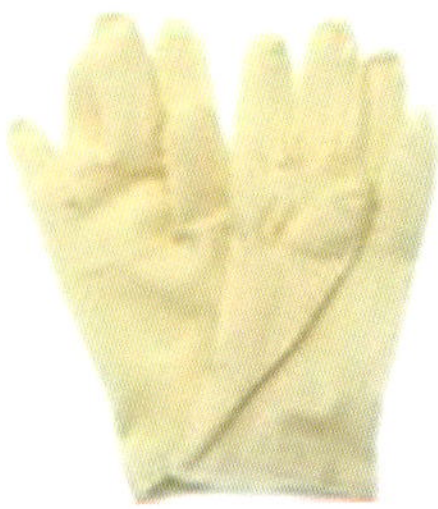		

도 구	명 칭	사용 목적 및 사용방법

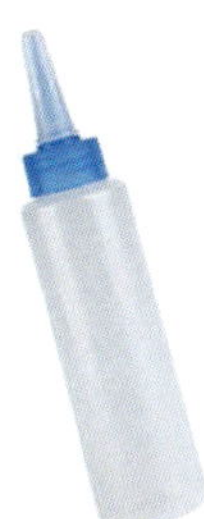		

도 구	명 칭	사용 목적 및 사용방법

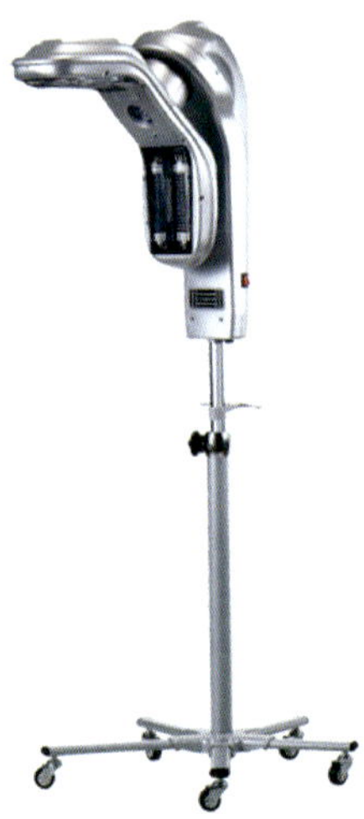		
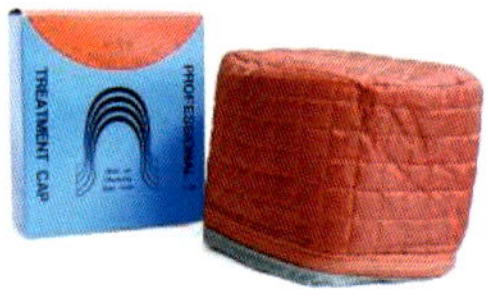		

도 구	명 칭	사용 목적 및 사용방법

도 구	명 칭	사용 목적 및 사용방법

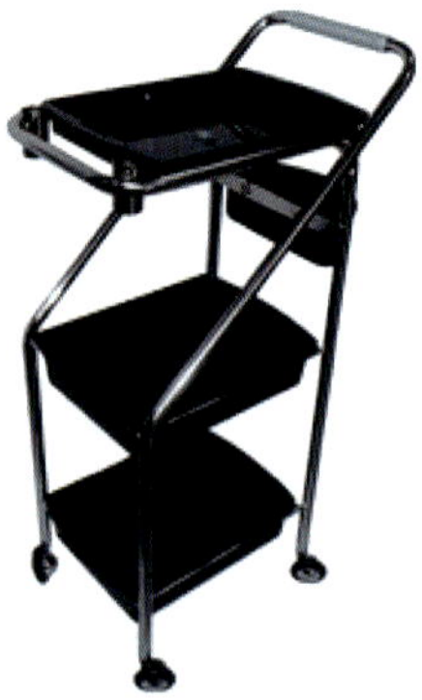		

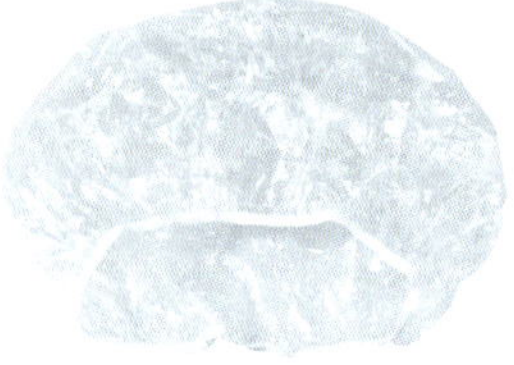		

도 구	명 칭	사용 목적 및 사용방법

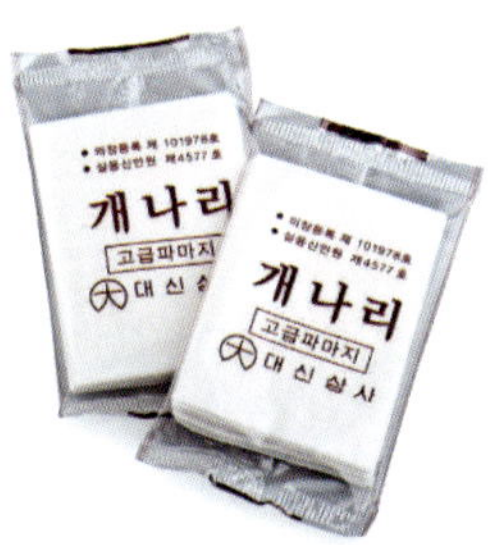		

도 구	명 칭	사용 목적 및 사용방법

도 구	명 칭	사용 목적 및 사용방법

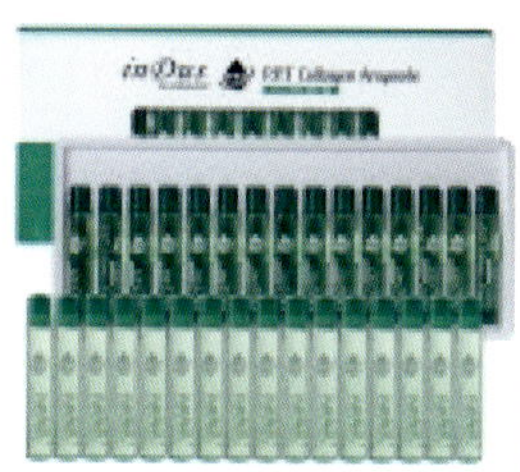		

15. 헤어 퍼머넌트에 사용되는 도구와 기구 소독 및 제품 관리방법

1. 도구 및 기구의 소독방법

2. 제품의 올바른 보관 및 관리방법

16. 안전하고 위생적인 실습

1. 시술 장소의 안전과 위생을 유지할 수 있는 방법

2. 시술자의 안전과 위생을 유지할 수 있는 방법

3. 고객의 안전과 위생을 유지할 수 있는 방법

Chapter. 2

디자인 헤어 퍼밍 1

학습목표

작품명	

이미지 사진	시술 후 사진

시술 계획	
환원제의 선택	
중화제의 선택	
혼합	
블로킹	
섹셔닝	
도포 테크닉	

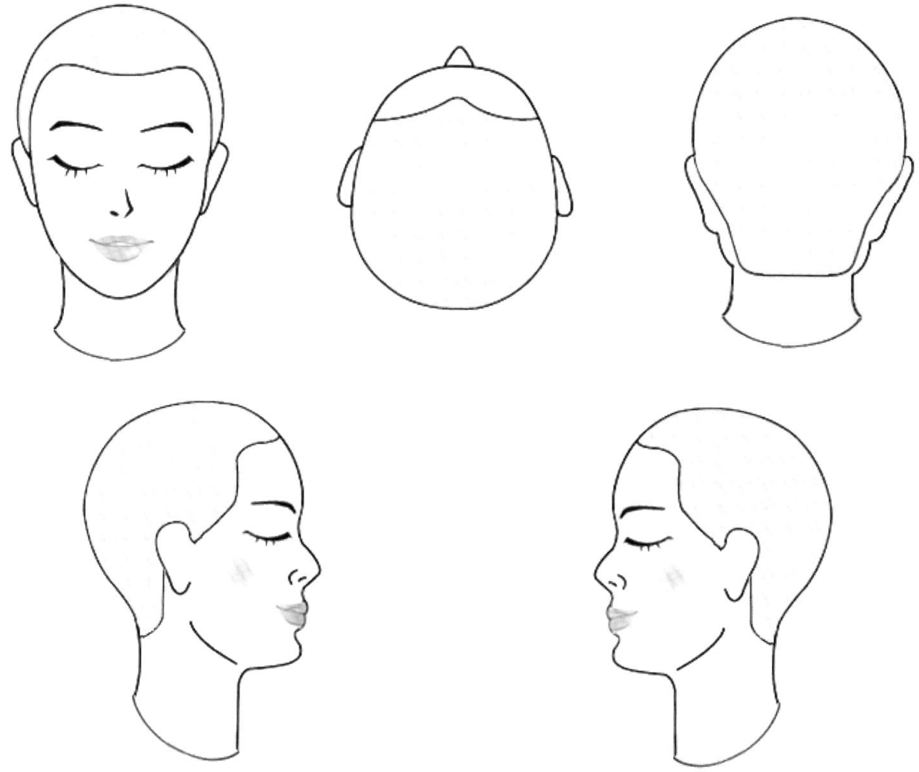

블로킹 및 섹션

1. 모발 길이에 따른 시술 분석

시술 분석		
모발의 길이	이미지 사진	시술 내용 분석
쇼트 (Shot)		
미디움 (Medium)		
롱 (Long)		

2. 디자인 헤어 퍼밍 1 시술 과정

실습 과정 사진		
사진		설명
		• • • • •
		• • • • •
		• • • • •
		• • • • •
		• • • • •

3. 디자인 헤어 퍼밍 1 완성 사진

앞(Front)	뒤(Back)
우측(Right Side)	좌측(Left Side)

단원 평가

디자인 헤어 퍼밍 1에 대한 장점과 단점, 그리고 느낀 점을 쓰시오.

[장 점]

[단 점]

[느낀 점]

참고자료(저자, 책명, 출판사, 출판년도)

Chapter. 3

디자인 헤어 퍼밍 2

학습목표

작품명	

이미지 사진	시술 후 사진

시술 계획	
환원제의 선택	
중화제의 선택	
혼합	
블로킹	
섹셔닝	
도포 테크닉	

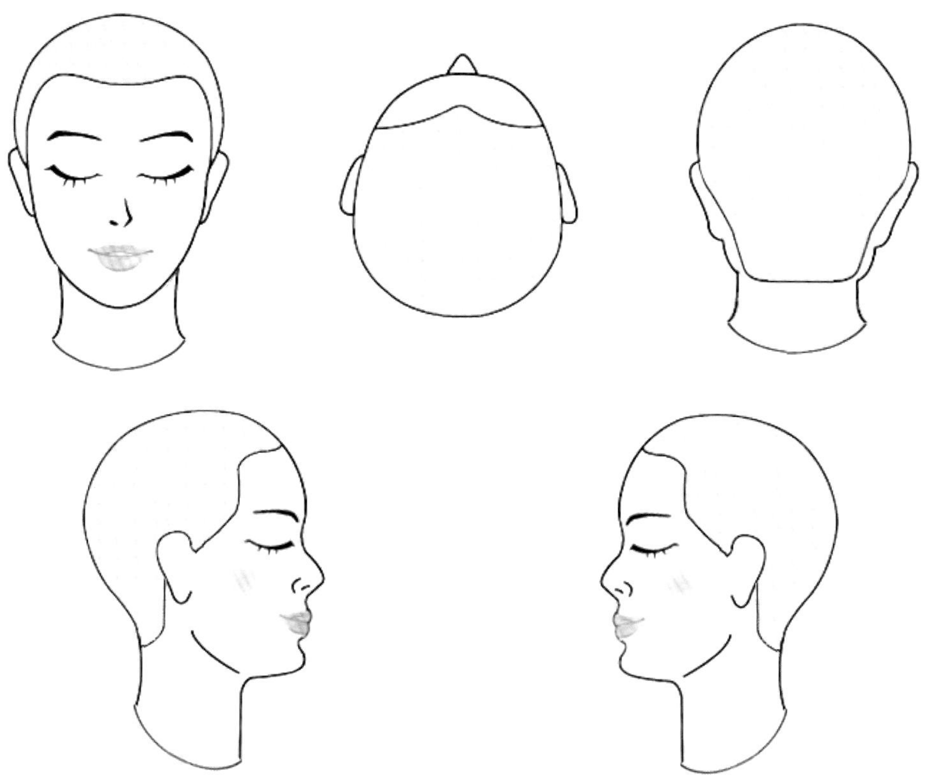

블로킹 및 섹션

1. 모발 길이에 따른 시술 분석

시술 분석		
모발의 길이	이미지 사진	시술 내용 분석
쇼트 (Shot)		
미디움 (Medium)		
롱 (Long)		

2. 디자인 헤어 퍼밍 2 시술 과정

실습 과정 사진		
사진		설명
		• • • • •
		• • • • •
		• • • • •
		• • • • •
		• • • • •

3. 디자인 헤어 퍼밍 2 완성 사진

앞(Front)	뒤(Back)
우측(Right Side)	좌측(Left Side)

단원 평가

디자인 헤어 퍼밍 2에 대한 장점과 단점, 그리고 느낀 점을 쓰시오.

[장 점]

[단 점]

[느낀 점]

참고자료(저자, 책명, 출판사, 출판년도)

Chapter. 4

디자인 헤어 퍼밍 3

학습목표

작품명	

이미지 사진	시술 후 사진

시술 계획	
환원제의 선택	
중화제의 선택	
혼합	
블로킹	
섹셔닝	
도포 테크닉	

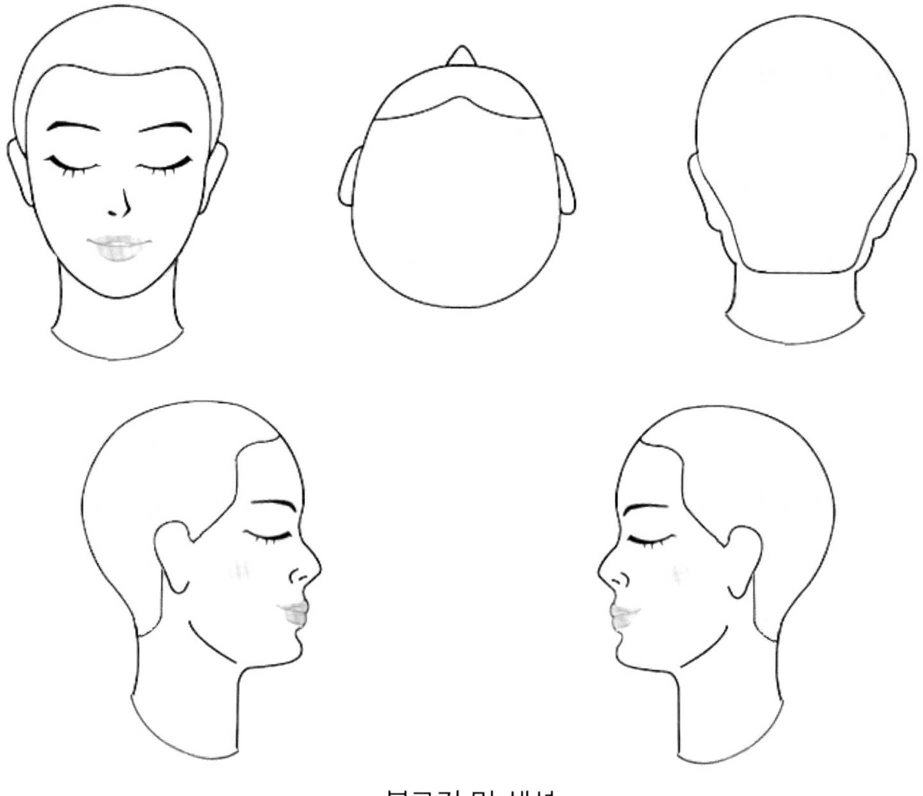

블로킹 및 섹션

1. 모발 길이에 따른 시술 분석

시술 분석		
모발의 길이	이미지 사진	시술 내용 분석
쇼트 (Shot)		
미디움 (Medium)		
롱 (Long)		

2. 디자인 헤어 퍼밍 3 시술 과정

실습 과정 사진		
사진		설명
		• • • • •
		• • • • •
		• • • • •
		• • • • •
		• • • • •

3. 디자인 헤어 퍼밍 3 완성 사진

앞(Front)	뒤(Back)
우측(Right Side)	좌측(Left Side)

단원 평가

디자인 헤어 퍼밍 3에 대한 장점과 단점, 그리고 느낀 점을 쓰시오.

[장 점]

[단 점]

[느낀 점]

참고자료(저자, 책명, 출판사, 출판년도)

Chapter. 5

디자인 헤어 퍼밍 4

학습목표

작품명	

이미지 사진	시술 후 사진

시술 계획	
환원제의 선택	
중화제의 선택	
혼합	
블로킹	
섹셔닝	
도포 테크닉	

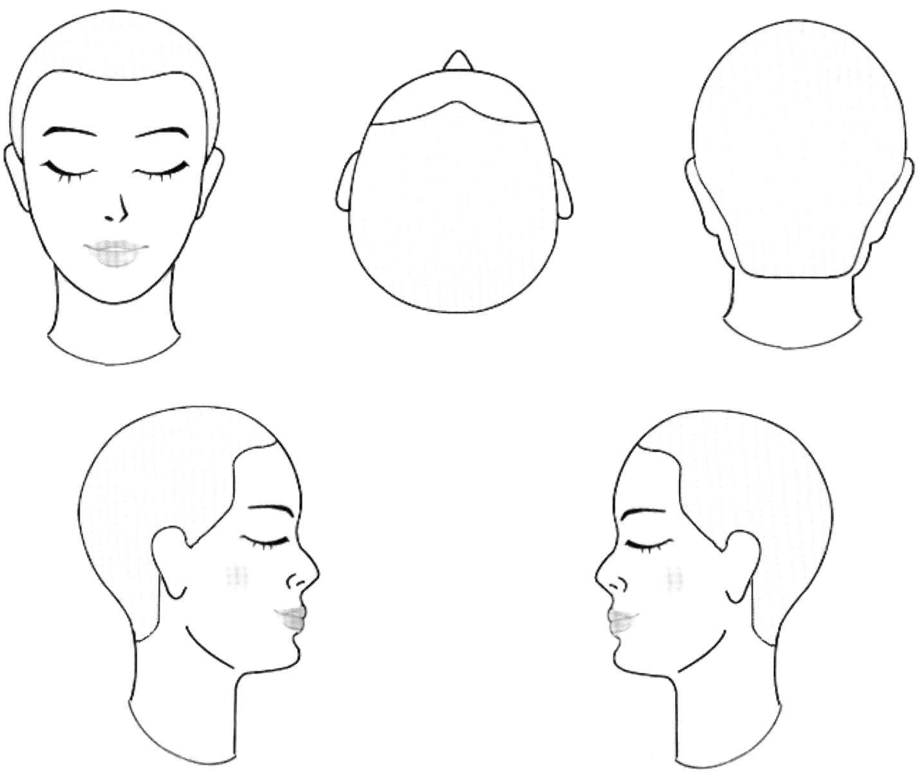

블로킹 및 섹션

1. 모발 길이에 따른 시술 분석

시술 분석		
모발의 길이	이미지 사진	시술 내용 분석
쇼트 (Shot)		
미디움 (Medium)		
롱 (Long)		

2. 디자인 헤어 퍼밍 4 시술 과정

실습 과정 사진		
사진		설명
		• • • • •
		• • • • •
		• • • • •
		• • • • •
		• • • • •

3. 디자인 헤어 퍼밍 4 완성 사진

앞(Front)	뒤(Back)
우측(Right Side)	좌측(Left Side)

단원 평가

디자인 헤어 퍼밍 4에 대한 장점과 단점, 그리고 느낀 점을 쓰시오.

[장 점]

[단 점]

[느낀 점]

참고자료(저자, 책명, 출판사, 출판년도)

Chapter. 6

디자인 헤어 퍼밍 5

학습목표

작품명	

이미지 사진	시술 후 사진

시술 계획	
환원제의 선택	
중화제의 선택	
혼합	
블로킹	
섹셔닝	
도포 테크닉	

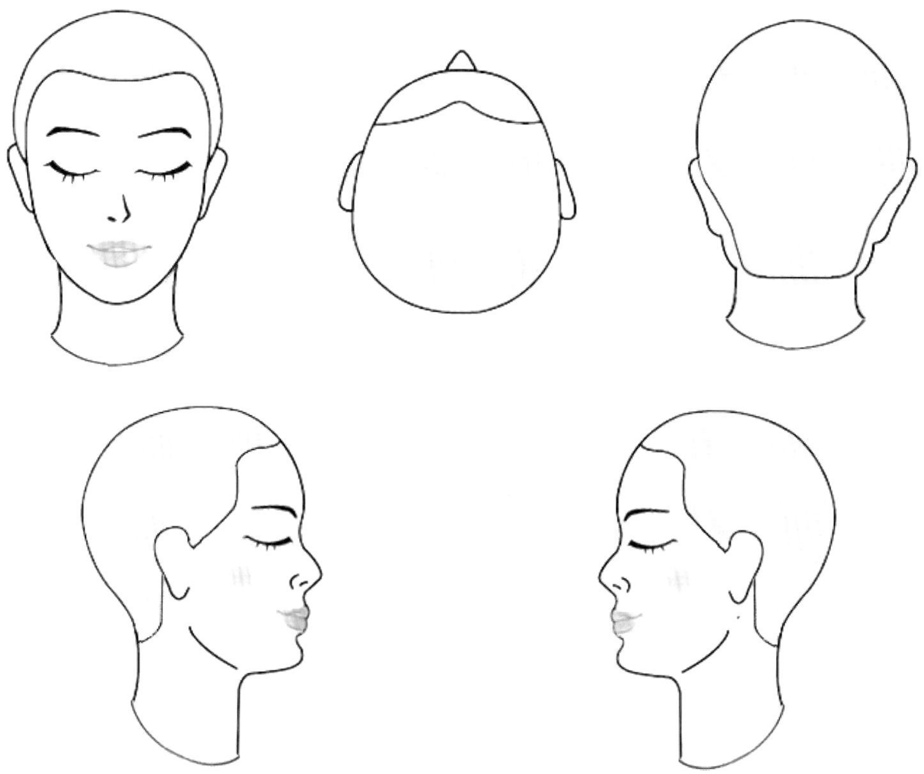

블로킹 및 섹션

1. 모발 길이에 따른 시술 분석

시술 분석		
모발의 길이	이미지 사진	시술 내용 분석
쇼트 (Shot)		
미디움 (Medium)		
롱 (Long)		

2. 디자인 헤어 퍼밍 5 시술 과정

실습 과정 사진		
사진		설명
		• • • • •
		• • • • •
		• • • • •
		• • • • •
		• • • • •

3. 디자인 헤어 퍼밍 5 완성 사진

앞(Front)	뒤(Back)
우측(Right Side)	좌측(Left Side)

단원 평가

디자인 헤어 퍼밍 5에 대한 장점과 단점, 그리고 느낀 점을 쓰시오.

[장 점]

[단 점]

[느낀 점]

참고자료(저자, 책명, 출판사, 출판년도)

Chapter. 7

디자인 헤어 퍼밍 6

학습목표

작품명	

이미지 사진	시술 후 사진

시술 계획	
환원제의 선택	
중화제의 선택	
혼합	
블로킹	
섹셔닝	
도포 테크닉	

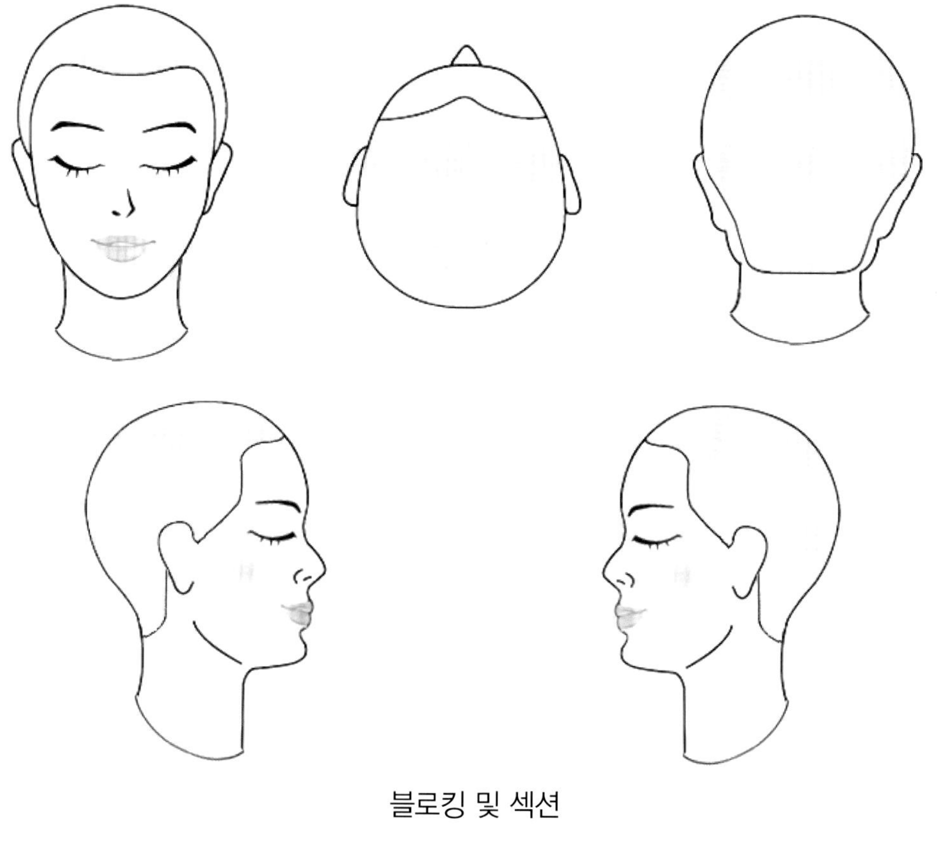

블로킹 및 섹션

1. 모발 길이에 따른 시술 분석

시술 분석		
모발의 길이	이미지 사진	시술 내용 분석
쇼트 (Shot)		
미디움 (Medium)		
롱 (Long)		

2. 디자인 헤어 퍼밍 6 시술 과정

실습 과정 사진		
사진		설명
		• • • • •
		• • • • •
		• • • • •
		• • • • •
		• • • • •

3. 디자인 헤어 퍼밍 6 완성 사진

앞(Front)	뒤(Back)
우측(Right Side)	좌측(Left Side)

단원 평가

디자인 헤어 퍼밍 6에 대한 장점과 단점, 그리고 느낀 점을 쓰시오.

[장 점]

[단 점]

[느낀 점]

참고자료(저자, 책명, 출판사, 출판년도)

Chapter. 8

디자인 헤어 퍼밍 7

학습목표

작품명	

이미지 사진	시술 후 사진

시술 계획	
환원제의 선택	
중화제의 선택	
혼합	
블로킹	
섹셔닝	
도포 테크닉	

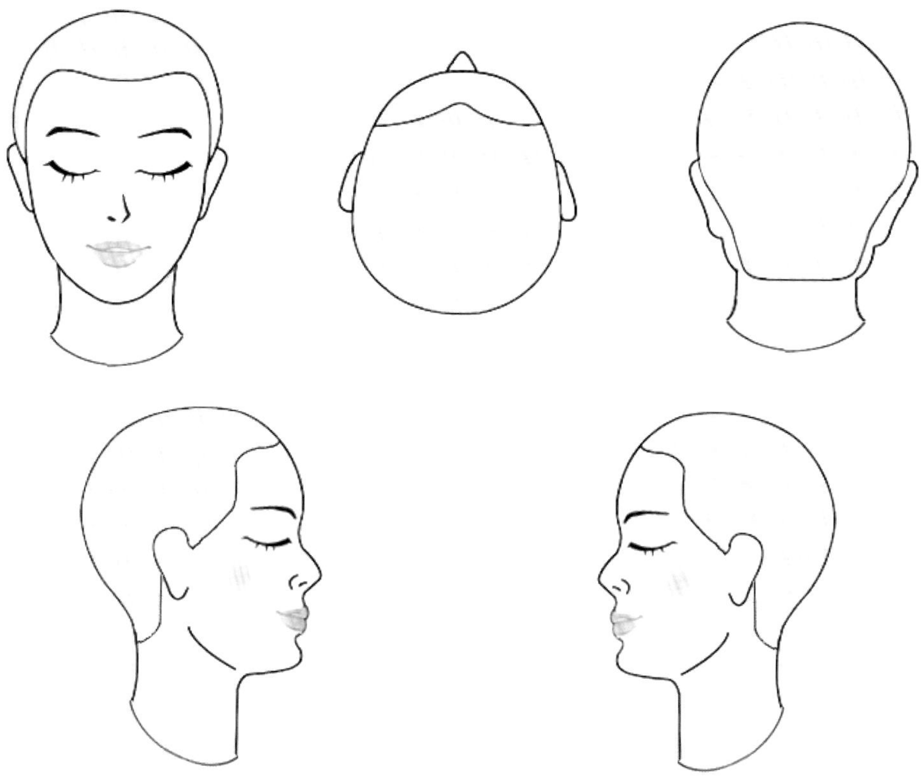

블로킹 및 섹션

1. 모발 길이에 따른 시술 분석

시술 분석		
모발의 길이	이미지 사진	시술 내용 분석
쇼트 (Shot)		
미디움 (Medium)		
롱 (Long)		

2. 디자인 헤어 퍼밍 7 시술 과정

실습 과정 사진		
사진		설명
		• • • • •
		• • • • •
		• • • • •
		• • • • •
		• • • • •

3. 디자인 헤어 퍼밍 7 완성 사진

앞(Front)	뒤(Back)
우측(Right Side)	좌측(Left Side)

단원 평가

디자인 헤어 퍼밍 7에 대한 장점과 단점, 그리고 느낀 점을 쓰시오.

[장 점]

[단 점]

[느낀 점]

참고자료(저자, 책명, 출판사, 출판년도)

Chapter. 9

디자인 헤어 퍼밍 8

학습목표

작품명	

이미지 사진	시술 후 사진

시술 계획	
환원제의 선택	
중화제의 선택	
혼합	
블로킹	
섹셔닝	
도포 테크닉	

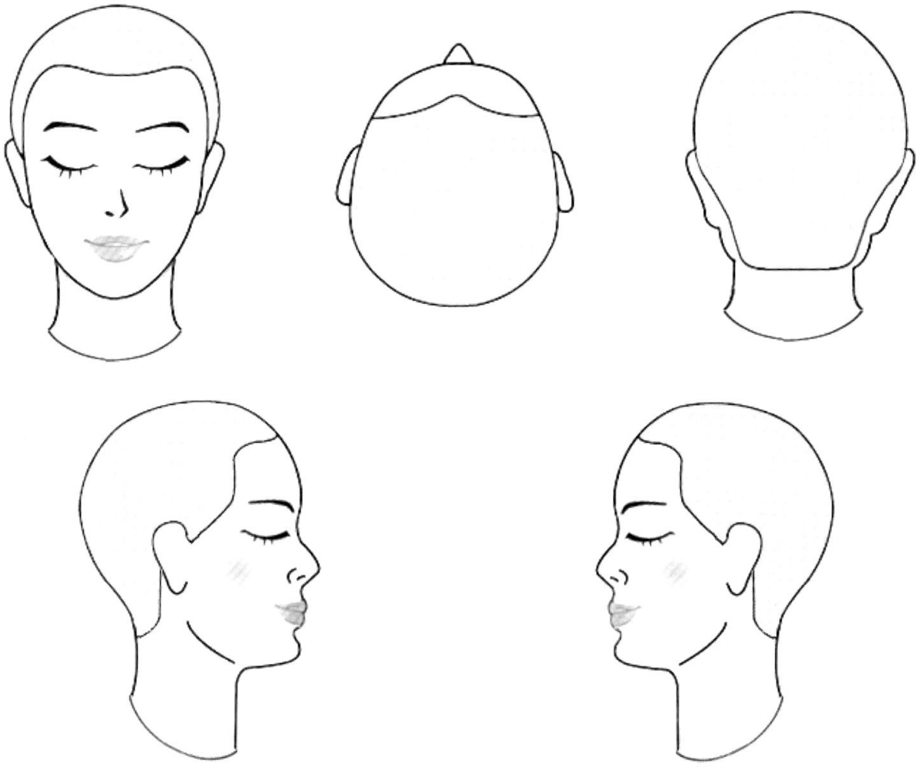

블로킹 및 섹션

1. 모발 길이에 따른 시술 분석

시술 분석		
모발의 길이	이미지 사진	시술 내용 분석
쇼트 (Shot)		
미디움 (Medium)		
롱 (Long)		

2. 디자인 헤어 퍼밍 8 시술 과정

실습 과정 사진		
사진		설명
		• • • • •
		• • • • •
		• • • • •
		• • • • •
		• • • • •

3. 디자인 헤어 퍼밍 8 완성 사진

앞(Front)	뒤(Back)
우측(Right Side)	좌측(Left Side)

단원 평가

디자인 헤어 퍼밍 8에 대한 장점과 단점, 그리고 느낀 점을 쓰시오.

[장 점]

[단 점]

[느낀 점]

참고자료(저자, 책명, 출판사, 출판년도)

Chapter. 10

디자인 헤어 퍼밍 9

학습목표

작품명	

이미지 사진	시술 후 사진

시술 계획	
환원제의 선택	
중화제의 선택	
혼합	
블로킹	
섹셔닝	
도포 테크닉	

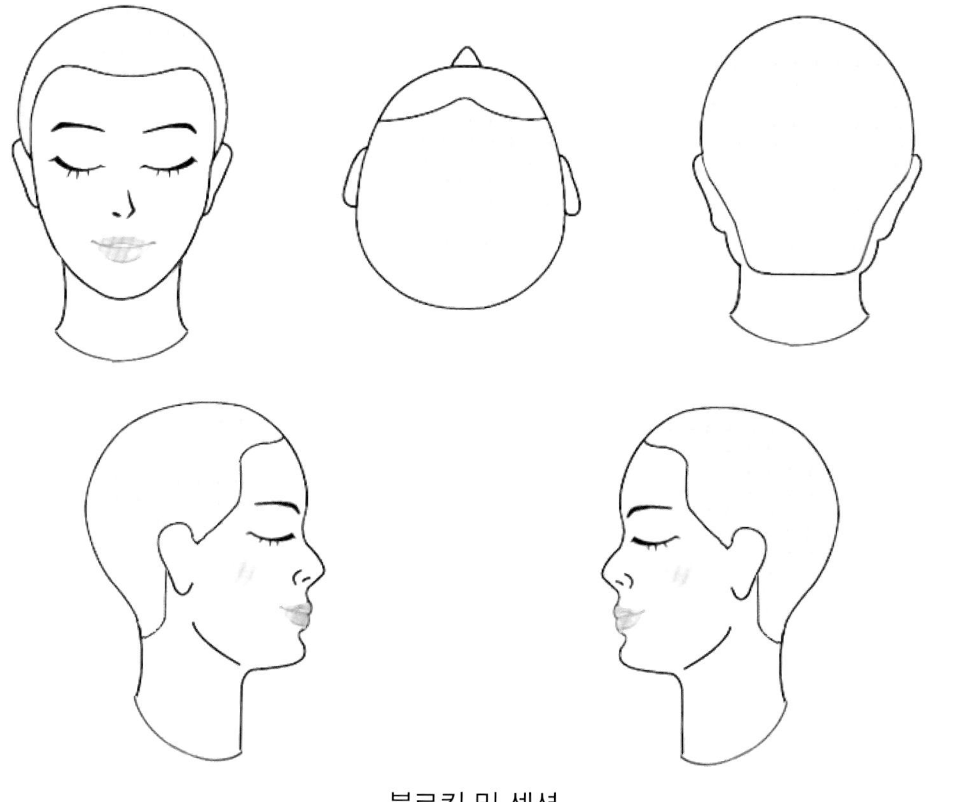

블로킹 및 섹션

1. 모발 길이에 따른 시술 분석

시술 분석		
모발의 길이	이미지 사진	시술 내용 분석
쇼트 (Shot)		
미디움 (Medium)		
롱 (Long)		

2. 디자인 헤어 퍼밍 9 시술 과정

<table>
<tr><th colspan="3">실습 과정 사진</th></tr>
<tr><th colspan="2">사진</th><th>설명</th></tr>
<tr><td></td><td></td><td>•
•
•
•
•</td></tr>
<tr><td></td><td></td><td>•
•
•
•
•</td></tr>
<tr><td></td><td></td><td>•
•
•
•
•</td></tr>
<tr><td></td><td></td><td>•
•
•
•
•</td></tr>
<tr><td></td><td></td><td>•
•
•
•
•</td></tr>
</table>

3. 디자인 헤어 퍼밍 9 완성 사진

앞(Front)	뒤(Back)
우측(Right Side)	좌측(Left Side)

단원 평가

디자인 헤어 퍼밍 9에 대한 장점과 단점, 그리고 느낀 점을 쓰시오.

[장 점]

[단 점]

[느낀 점]

참고자료(저자, 책명, 출판사, 출판년도)

Chapter. 11

디자인 헤어 퍼밍 10

학습목표

작품명	

이미지 사진	시술 후 사진

시술 계획	
환원제의 선택	
중화제의 선택	
혼합	
블로킹	
섹셔닝	
도포 테크닉	

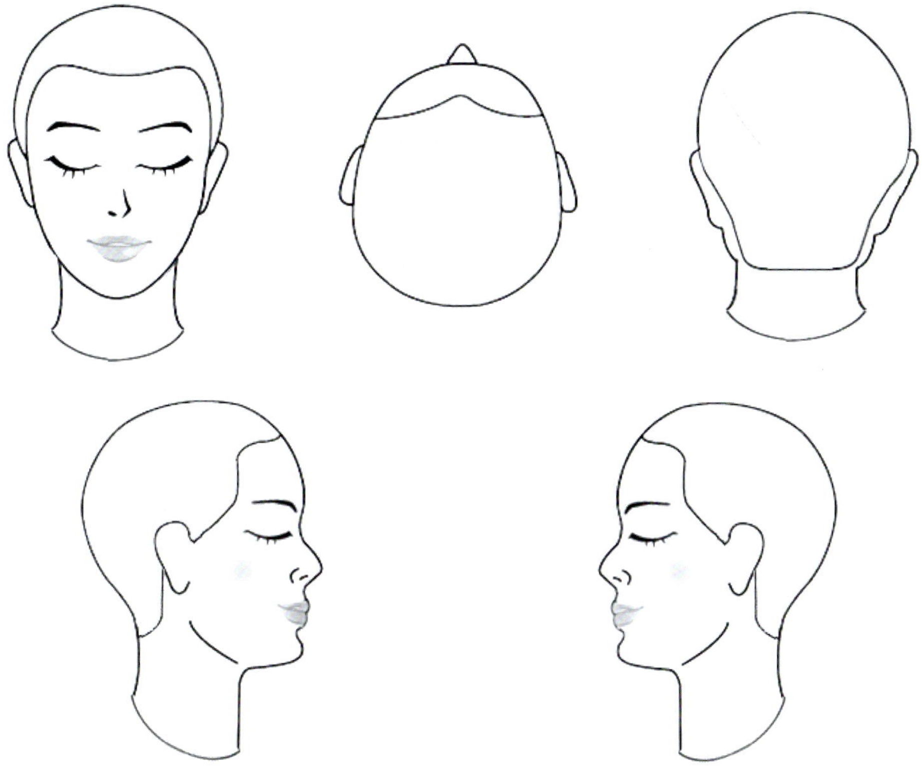

블로킹 및 섹션

1. 모발 길이에 따른 시술 분석

시술 분석		
모발의 길이	이미지 사진	시술 내용 분석
쇼트 (Shot)		
미디움 (Medium)		
롱 (Long)		

2. 디자인 헤어 퍼밍 10 시술 과정

<table>
<tr><th colspan="3">실습 과정 사진</th></tr>
<tr><th colspan="2">사진</th><th>설명</th></tr>
<tr><td></td><td></td><td>•
•
•
•
•</td></tr>
<tr><td></td><td></td><td>•
•
•
•
•</td></tr>
<tr><td></td><td></td><td>•
•
•
•
•</td></tr>
<tr><td></td><td></td><td>•
•
•
•
•</td></tr>
<tr><td></td><td></td><td>•
•
•
•
•</td></tr>
</table>

3. 디자인 헤어 퍼밍 10 완성 사진

앞(Front)	뒤(Back)
우측(Right Side)	좌측(Left Side)

단원 평가

디자인 헤어 퍼밍 10에 대한 장점과 단점, 그리고 느낀 점을 쓰시오.

[장 점]

[단 점]

[느낀 점]

참고자료(저자, 책명, 출판사, 출판년도)

Chapter. 12

디자인 헤어 퍼밍 11

학습목표

작품명	

이미지 사진	시술 후 사진

시술 계획	
환원제의 선택	
중화제의 선택	
혼합	
블로킹	
섹셔닝	
도포 테크닉	

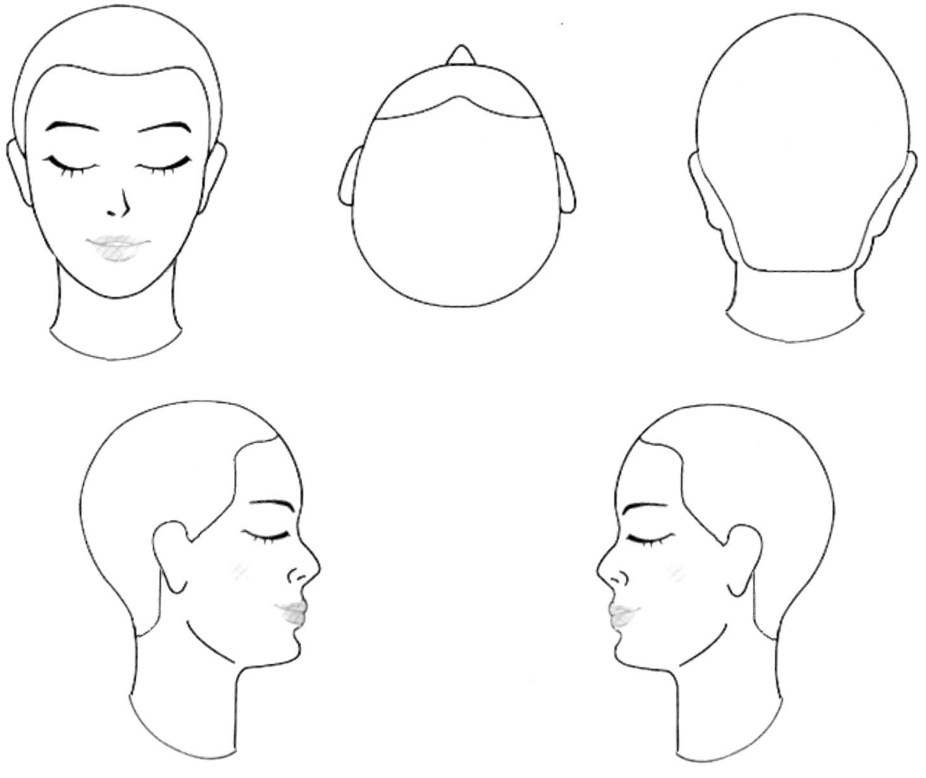

블로킹 및 섹션

1. 모발 길이에 따른 시술 분석

시술 분석		
모발의 길이	이미지 사진	시술 내용 분석
쇼트 (Shot)		
미디움 (Medium)		
롱 (Long)		

2. 디자인 헤어 퍼밍 11 시술 과정

실습 과정 사진		
사진		설명
		• • • • •
		• • • • •
		• • • • •
		• • • • •
		• • • • •

3. 디자인 헤어 퍼밍 11 완성 사진

앞(Front)	뒤(Back)
우측(Right Side)	좌측(Left Side)

단원 평가

디자인 헤어 퍼밍 11에 대한 장점과 단점, 그리고 느낀 점을 쓰시오.

[장 점]

[단 점]

[느낀 점]

참고자료(저자, 책명, 출판사, 출판년도)

Chapter. 13

디자인 헤어 퍼밍 12

학습목표

작품명	

이미지 사진	시술 후 사진

시술 계획	
환원제의 선택	
중화제의 선택	
혼합	
블로킹	
섹셔닝	
도포 테크닉	

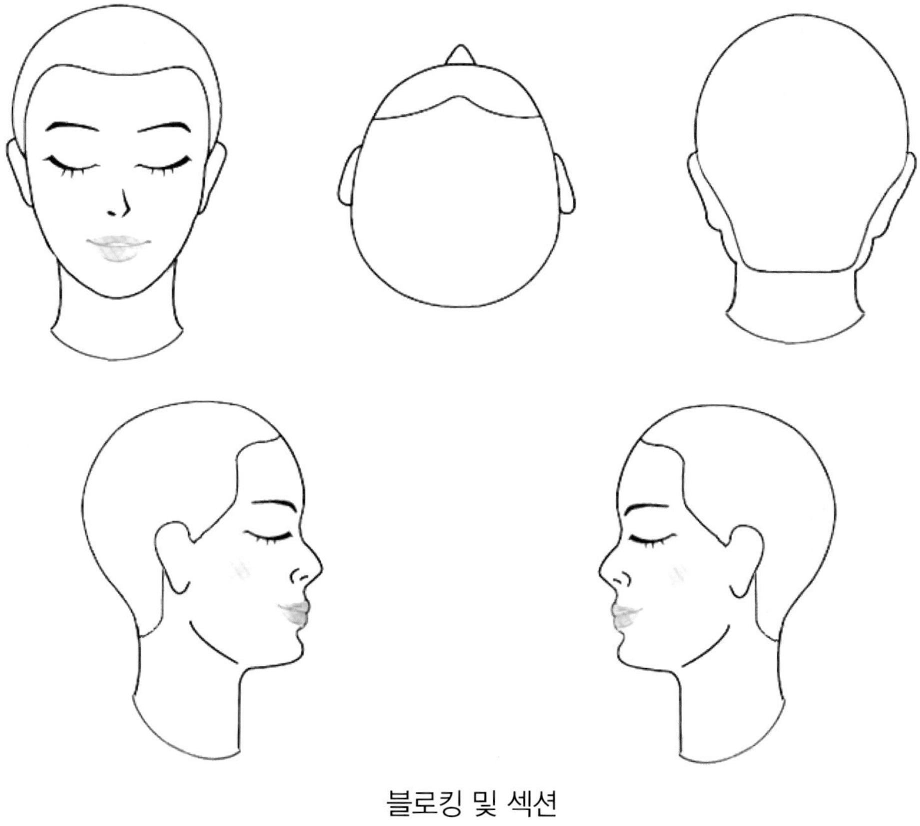

블로킹 및 섹션

1. 모발 길이에 따른 시술 분석

시술 분석		
모발의 길이	이미지 사진	시술 내용 분석
쇼트 (Shot)		
미디움 (Medium)		
롱 (Long)		

2. 디자인 헤어 퍼밍 12 시술 과정

실습 과정 사진		
사진		설명
		• • • • •
		• • • • •
		• • • • •
		• • • • •
		• • • • •

3. 디자인 헤어 퍼밍 12 완성 사진

앞(Front)	뒤(Back)
우측(Right Side)	좌측(Left Side)

단원 평가

디자인 헤어 퍼밍 12에 대한 장점과 단점, 그리고 느낀 점을 쓰시오.

[장 점]

[단 점]

[느낀 점]

참고자료(저자, 책명, 출판사, 출판년도)

Chapter. 14

디자인 헤어 퍼밍 13

학습목표

작품명	

이미지 사진	시술 후 사진

시술 계획	
환원제의 선택	
중화제의 선택	
혼합	
블로킹	
섹셔닝	
도포 테크닉	

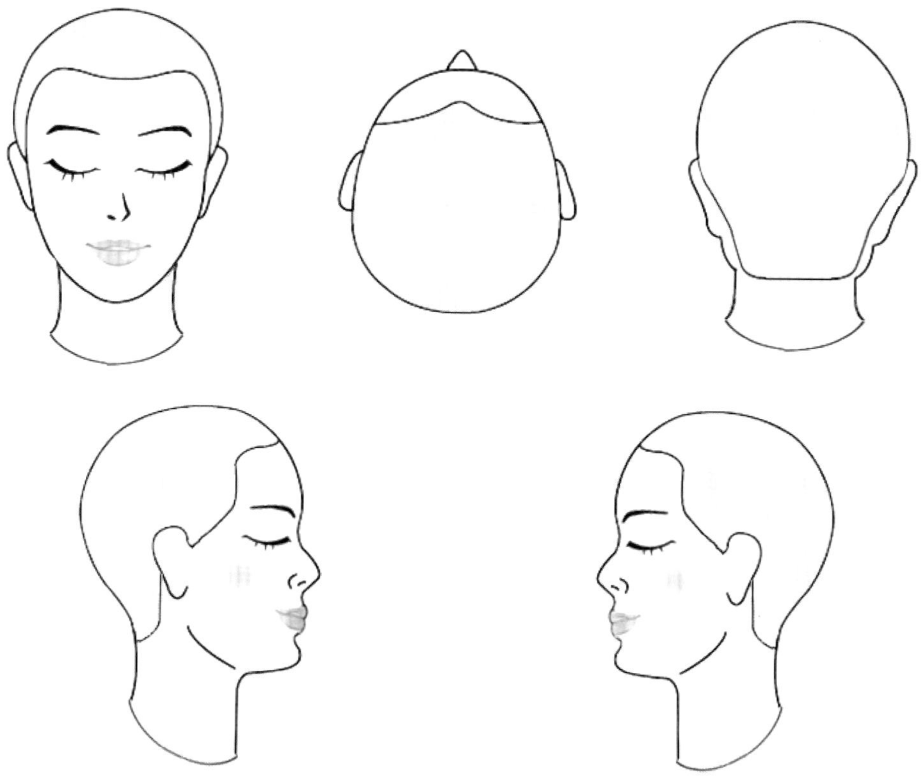

블로킹 및 섹션

1. 모발 길이에 따른 시술 분석

시술 분석		
모발의 길이	이미지 사진	시술 내용 분석
쇼트 (Shot)		
미디움 (Medium)		
롱 (Long)		

2. 디자인 헤어 퍼밍 13 시술 과정

실습 과정 사진		
사진		설명
		• • • • •
		• • • • •
		• • • • •
		• • • • •
		• • • • •

3. 디자인 헤어 퍼밍 13 완성 사진

앞(Front)	뒤(Back)
우측(Right Side)	좌측(Left Side)

단원 평가

디자인 헤어 퍼밍 13에 대한 장점과 단점, 그리고 느낀 점을 쓰시오.

[장 점]

[단 점]

[느낀 점]

참고자료(저자, 책명, 출판사, 출판년도)

Chapter. 15

디자인 헤어 퍼밍 14

학습목표

작품명	

이미지 사진	시술 후 사진

시술 계획	
환원제의 선택	
중화제의 선택	
혼합	
블로킹	
섹셔닝	
도포 테크닉	

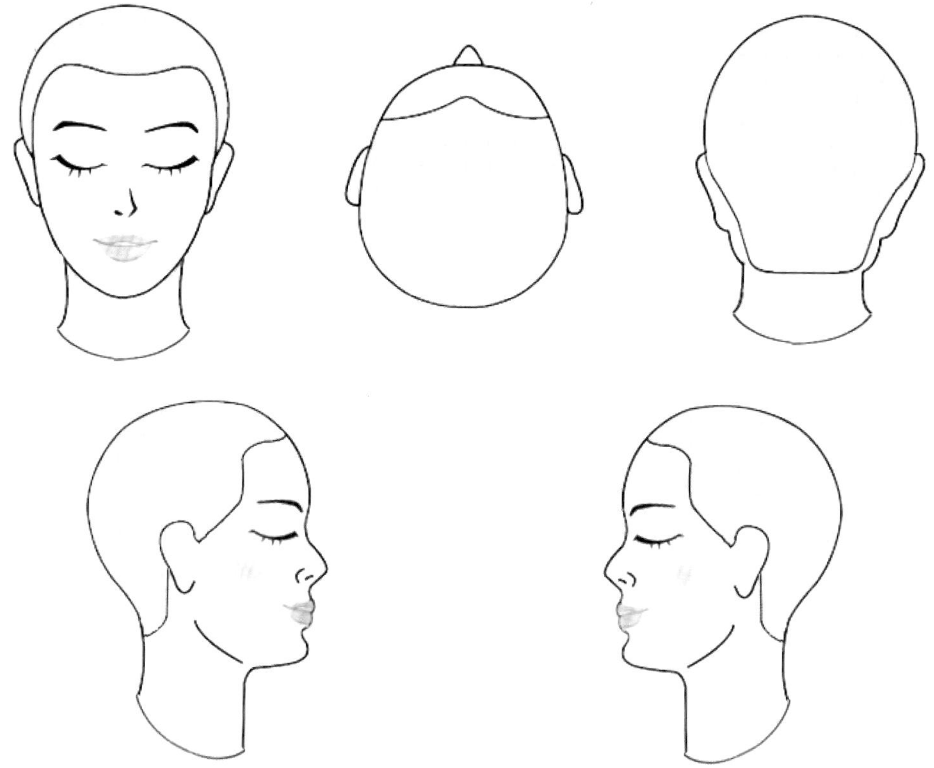

블로킹 및 섹션

1. 모발 길이에 따른 시술 분석

시술 분석		
모발의 길이	이미지 사진	시술 내용 분석
쇼트 (Shot)		
미디움 (Medium)		
롱 (Long)		

2. 디자인 헤어 퍼밍 14 시술 과정

실습 과정 사진		
사진		설명
		• • • • •
		• • • • •
		• • • • •
		• • • • •
		• • • • •

3. 디자인 헤어 퍼밍 14 완성 사진

앞(Front)	뒤(Back)
우측(Right Side)	좌측(Left Side)

단원 평가

디자인 헤어 퍼밍 14에 대한 장점과 단점, 그리고 느낀 점을 쓰시오.

[장 점]

[단 점]

[느낀 점]

참고자료(저자, 책명, 출판사, 출판년도)

Chapter. 16

디자인 헤어 퍼밍 15

학습목표

작품명	

이미지 사진	시술 후 사진

시술 계획	
환원제의 선택	
중화제의 선택	
혼합	
블로킹	
섹셔닝	
도포 테크닉	

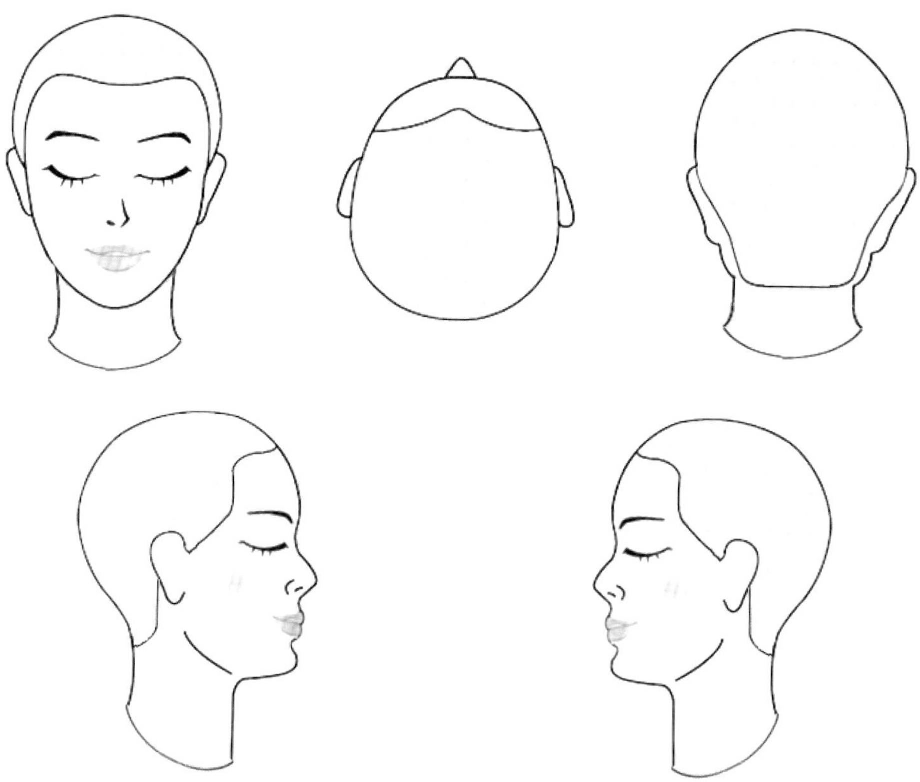

블로킹 및 섹션

1. 모발 길이에 따른 시술 분석

시술 분석		
모발의 길이	이미지 사진	시술 내용 분석
쇼트 (Shot)		
미디움 (Medium)		
롱 (Long)		

2. 디자인 헤어 퍼밍 15 시술 과정

실습 과정 사진		
사진		설명
		• • • • •
		• • • • •
		• • • • •
		• • • • •
		• • • • •

3. 디자인 헤어 퍼밍 15 완성 사진

앞(Front)	뒤(Back)
우측(Right Side)	좌측(Left Side)

단원 평가

디자인 헤어 퍼밍 15에 대한 장점과 단점, 그리고 느낀 점을 쓰시오.

[장 점]

[단 점]

[느낀 점]

참고자료(저자, 책명, 출판사, 출판년도)

개인정보 수집 및 사진 이용 동의서

본인은
대학교 헤어 미용과 교재로 사용될『Hair Permanent Work book』에 사용되는 헤어시술모델과 관련하여 개인정보를 제공 및 시술사진 활용하는 것을 동의합니다.

1. 목　　적 : 작품별 관련 모델 시술자료
2. 수집항목 : 본인 얼굴 이미지와 시술과정 사진

20　　년　　월　　일

■ 본인

- 성　　명 : ____________ (서명)
- 생년월일 : ____________
- 주　　소 : ______________________________
- 확인(시술자) : ____________ (서명)

개인정보보호법 제15조

개인정보 수집·이용에 동의	☐ 동의	☐ 미동의
사진활용에 동의	☐ 동의	☐ 미동의

본인은 헤어 모델과 시술에 관련하여 어떠한 이의도 제기하지 않겠다는 것에 동의합니다.

20　　년　　월　　일

____________ (서명)

미용 요금 상세 주문 내역서

20 년 월 일

고객성명	□ 남 □ 여	핸드폰 (SNS)	□ 수신 □ 수신안함
담당자		생일	
방문경로	□ 블로그 □ 까페 □ 간판 □ 재방문 □ 소개 ( ) □ 기타		

시술내용	기본요금	추가요금	비고
컷트 □ 남 □ 여 □ 학생 □ 디자인컷 □ 앞머리			
펌 □ 앞머리 □ 다운펌 □ 기본펌 □ 영양펌 □ 열펌 □ 뿌리펌			
염색 □ 뿌리 염색 □ 전체 염색 □ 탈 색 □ 헤나/왁싱 □ 와칸			
크리닉 □ 기본 □ 특수			
두피 스켈링			
스켈링 컷			
드라이			
샴푸			
업스타일			
점판			

할인/서비스	(%) /
총 합계	
결제방법	□ 현금 □ 카드 □ 회원권

고객 확인	(서명)	담당자 (원장, 부원장, 점장, 실장, 디자이너, 매니저)	(서명)

* 공중위생법 관리에 의하여 시술에 참여한 사람은 모두 면허증(자격증)이 반드시 있어야 함.

HAIR PERMANENT
Work book

2019년 9월 5일 초판 인쇄
2019년 9월 10일 초판 발행

저 자 박은준·김우빈·민인숙·임윤경·임지현

발행인 주 병 오 · 주 민 기

발행처 메디시인

주 소 경기도 파주시 회동길 209
파주출판문화도시

영업팀 (031) 955－7566 · 7577
편집디자인팀 (031) 955－7731
F A X (031) 955－7730
홈페이지 www.ji-gu.co.kr
전자우편 jigupub@hanmail.net
등록번호 1979년 7월 13일 제 9－57호

ISBN 978-11-86739-87-7 값 15,000원